NICE BALCONY

深圳花园阳台营造手册

深圳市城市管理和综合执法局
深圳市花卉协会花文化分会
编著

深圳出版社

序

　　我国植物种质资源丰富，花卉栽培历史悠久，已成为世界上最大的花卉生产国、重要花卉贸易国和花卉消费国。因为工作的关系，常年关注现代花卉产业发展，致力于花文化的普及与推广，我欣喜地看到，越来越多的朋友开始爱上花花草草，乐于捯饬捯饬家中阳台。花卉绿植成为家庭软装，使人足不出户就能感受四季变化、勃勃生机。阳台，不再仅仅是晾衣房、杂物间，它还可以养绿植、种花儿、读书写字、听风观雨……人们把阳台打造成属于自己的理想花园，收获家庭园艺带来的惊喜。

　　深圳"最美阳台"活动始于 2013 年，通过多年"最美阳台"的示范带动作用，阳台美化已深入各小区、公寓、住宅。2022 年，深圳市城市管理和综合执法局联合深圳市花卉协会花文化分会组织开展"最美阳台"系列活动，足见深圳市政府对花文化普及的重视程度。活动面向社区居民传播园艺知识，引导居民有规划、有目标地打造自家阳台，有技能、有审美地进行植物种植，深受家庭园艺爱好者和花迷们的喜爱。深圳"最美阳台"活动让更多家庭成为绿色发展和生态文明建设的践行者，以整洁优美的居家环境美化家园。

值得关注的是，通过"最美阳台"活动，深圳市城市管理和综合执法局同深圳市花卉协会花文化分会共同编纂了这本《深圳花园阳台营造手册》。这是一本内容丰富、通俗易懂的家庭园艺工具书，有着非常浓厚的地方特色。这本书可以帮助读者了解深圳的气候，掌握花园阳台打造的大环境。书中针对不同阳台朝向、光照条件等，推荐深圳阳台常用植物，同时根据植物的习性与特征，介绍了光照、浇水、施肥、种植土选择、换盆、修剪、养护以及病虫害防治等园艺知识，还展示了一些家庭阳台营造案例及植物配置参考，兼具了实用性、趣味性。

　　阳台，家中一隅，心安之所。愿您的阳台是"最美"，愿您以草木花香为伴，有自然滋养心灵，有和美温暖家庭。

广东省花卉协会会长

目录

深圳气候
与阳台花园打造

深圳，是中国南部海滨城市，属亚热带季风气候，长夏短冬，气候温和，日照充足，雨量充沛。年平均气温23.3℃，一年中1月平均气温最低，平均为15.7℃，7月平均气温最高，平均为29.0℃。年平均降水量为1939.9毫米，全年86%的雨量出现在汛期（4—9月）。在深圳，夏季长达6个多月，呈现高温多雨的特点。

气候是影响植物分布最重要的因素，因为气候决定了植物生长所需要的光照、热量、土壤和水分条件。通过了解深圳气候，掌握阳台花园打造的大环境，对植物播种、生长、换盆等各个时期进行适宜性评估，是每一位花园新手必备的入门知识。

每种植物都有自己喜欢的温度、湿度和光照条件，根据深圳的气候变化，我们可以为阳台选择合适的植物和养护方式。一年四季，不同的气候变化，会给我们带来探索和发现园艺的乐趣。

深圳市月平均气温参考表

>>

深圳各要素 1991—2020 年各月累计年平均值（1—12 月）

要素 月	各月30年平均气温（℃）	各月30年平均最高气温（℃）	各月30年平均最低气温（℃）	各月30年平均降水（mm）	各月30年平均日照（h）	各月30年平均气压（hPa）
1 月	15.7	19.8	13.0	35.2	137.3	1014.2
2 月	16.8	20.8	14.2	36.8	101.6	1012.7
3 月	19.4	23.2	17.0	64.0	99.7	1010.0
4 月	23.1	26.7	20.7	140.1	115.2	1007.0
5 月	26.4	29.7	24.0	237.1	153.0	1003.3
6 月	28.3	31.3	26.0	368.7	169.8	1000.3
7 月	29.0	32.3	26.6	309.5	214.8	999.7
8 月	28.8	32.2	26.3	364.3	178.6	999.4
9 月	27.9	31.5	25.5	242.5	170.1	1003.0
10 月	25.5	29.2	22.9	73.4	188.7	1008.3
11 月	21.7	25.7	19.0	31.7	168.8	1011.5
12 月	17.4	21.5	14.5	29.6	155.4	1014.3

注：数据信息均来源于深圳气象局，本站气压的统计没有进行迁站前后的高度差订正。

阳台分类
及常用植物推荐

按光照强度分类阳台

>>

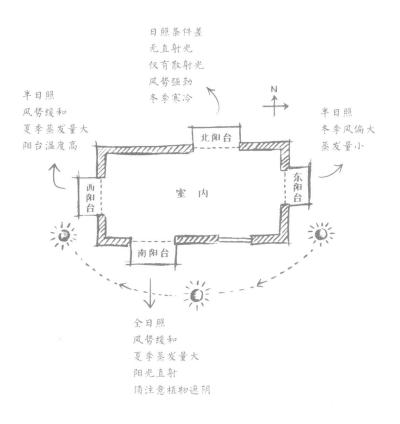

日照条件差
无直射光
仅有散射光
风势强劲
冬季寒冷

半日照
风势缓和
夏季蒸发量大
阳台温度高

半日照
冬季风偏大
蒸发量小

N

北阳台

西阳台

室　内

东阳台

南阳台

全日照
风势缓和
夏季蒸发量大
阳光直射
须注意植物遮阴

全日照阳台

——举例南阳台

阳台特点

>>

光照充足，占有天然优势，通风好，风势缓和，夏季蒸发量大，阳光直射，须注意植物遮阴。

适合植物推荐

>>

月季

月季被称为"花中皇后"，花呈大型，由内向外，呈现散形，有浓郁香气，可广泛用于园艺栽培和切花。

光照　喜光，除了高温时候，尽量晒，开花要求每天直射光6—8小时。

水分　怕涝，春夏散水快，土表干了就浇透，避免干到底部黄叶；秋季生长减缓，土壤干到土下2—3厘米再浇水并浇透；冬季生长停滞，要控水，土壤干了只少量补水，不浇透。

温度　较耐寒，地栽可以耐 –15℃，盆栽可以耐 –10℃左右。大部分品种不耐高温曝晒。夏季炎热时，注意遮阴降温。

肥料　喜肥，秋冬和早春可以在土表浅埋缓释肥；生长季需肥量大，可用速效肥追肥，长叶时一周一次平衡型肥料，出花苞时换高磷肥；秋冬生长停滞后停速效肥。

病虫害　常见虫害：红蜘蛛、白粉虱、介壳虫、蚜虫等。
　　　　　常见病害：白粉病、黑斑病、霜霉病等。

蓝雪花

多年生直立草本

科属：白花丹科

花期：7—9月

花开的时候，颜色是淡蓝色的，花很小，只有五片花瓣，叶很多，把花盆吊在阳台，花叶会向外延伸。花期长，可地栽或盆栽，是广泛应用的园林、家庭兼用的花卉品种。

光照　喜阳光充足，确保每天至少 2 小时直射光，否则花量稀少，花色较淡。

水分　需求较大，特别是夏季高温注意浇水。

温度　耐热不耐寒，低于 0℃时需要越冬保护。

肥料　开花消耗养分较大，建议施用缓释肥，并每周一次施用水溶肥。

病虫害　蓝雪花抗病虫害能力强，病虫害较少，家庭种植主要以预防为主，保证通风。

簕杜鹃（三角梅）

簕杜鹃(三角梅)是深圳市市花，开花艳丽，颜色多样，花期长，观赏性极高，可作为花墙、阳台垂挂等。

光照　要求每天光照时长 ≥ 9 小时。

水分　生长期对水分需求较大，保证土壤潮湿但无积水，夏季高温注意及时补水。

温度　适宜生长温度 18—30℃，气温稳定在 15℃以上才会开花；已开放的花可耐 7—10℃的低温，气温低于 3℃时会受到低温冷害。

肥料　喜肥，生长旺盛期要适量施肥，氮肥为主。

病虫害　常见虫害：介壳虫、蚜虫等。
常见病害：叶斑病、枯梢病、褐斑病等。

百合

株高 40—60 厘米，茎直立，不分枝，草绿色，茎秆基部带红色或紫褐色斑点。花香味浓，生于茎秆顶端，花冠较大，花筒较长，呈漏斗形喇叭状。

光照	喜光，亚洲百合尽量多晒，光照不足容易消苞；比较高的品种和东方百合，喜欢光照，也稍耐阴。
水分	种下后浇透，首次浇水要多浇几次，避免干土不好透；之后土表干了就可以浇透。
温度	亚洲百合耐寒，北方可以地栽；东方百合不太耐热，高温注意遮阴降温。
肥料	上盆施加足量底肥，建议使用有机肥；生长期遵循薄肥勤施的原则，每周一次；夏季注意避开正午高温时段施肥。
病虫害	常见虫害：蚜虫、金龟子幼虫等。 常见病害：花叶病、灰霉病、叶枯病等。

茉莉

　　小枝圆柱形或稍压扁状，有时中空，疏被柔毛，高度可达3米；聚伞花序顶生，通常有3朵花，有时单花或多达5朵花；花开时有浓香。

光照　　要求每天光照时长4—5小时。

水分　　喜湿润，不耐旱，怕积水，喜透气。

温度　　喜温，适宜生长温度为15—25℃，大多数品种畏寒，不耐霜冻，气温低于3℃时，枝叶易遭受冻害，如持续时间长就会死亡。

肥料　　喜肥，开花期每2—3天施一次含磷较多的液肥。

病虫害　　常见虫害：介壳虫、蚜虫等。
　　　　　　常见病害：叶斑病、枯梢病、褐斑病等。

朱顶红

多年生草本

科属：石蒜科

花期：十一6月

原产于国外，属球根植物里相对较易栽种的品种。高高的花箭造型非常适合作为花境花坛的点缀，可提高阳台或庭院的空间层次感。

光照　耐晒耐热耐半阴，光照足花箭会更直，夏季避免强光长时间直射。

水分　秋冬种植时，用有点湿气的潮土种，不浇水，等发芽后再浇透，避免烂球；春季种植正常种下浇透。

温度　喜温怕冷，适宜生长温度为 18—25℃，冬季休眠期以10—12℃为宜，温度过高会妨碍休眠，影响翌年正常开花。

肥料　喜肥。生长期间可随着叶片生长每半个月施肥一次；花期时停止；花后继续施肥，以磷钾肥为主，减少氮肥，秋末可停止施肥。

病虫害　常见虫害：红蜘蛛、介壳虫等。
　　　　　常见病害：叶斑病、叶枯病、红斑病等。

栀子花

花色淡雅，花繁叶茂。开花时，满屋飘香。

光照　喜光，保证充足的光照；夏天须放在通风的地方。

水分　喜欢温暖湿润，土表干了要浇透，冬季生长减缓，要控水。

温度　不耐热，高于 25℃时要注意遮阴、通风。不耐寒，冬季需要 0℃以上越冬。

肥料　喜肥，生长季可以 7—15 天施肥一次。

病虫害　常见虫害：白粉虱、红蜘蛛等。
　　　　　常见病害：斑枯病、黄化病等。

迎春花

落叶灌木 科属：木樨科 花期：2—4月

　　有清香，金黄色，因其在百花之中开花最早，花后即迎来百花齐放的春天而得名。

光照	喜光，要求每天光照 > 6 小时。
水分	有一定耐旱力，怕涝，发现土壤变干后就可适量浇水，将土壤湿化。
温度	适宜生长温度为 10—20℃，耐寒力相对较强。
肥料	迎春花生长期间，可以每隔一段时间施加一次有机肥；快开花时适量施加磷钾肥，可提高开花数量和质量。
病虫害	常见虫害：虫害较少，主要防治蚜虫危害。 常见病害：枯枝病、叶斑病、灰霉病等。

悬铃花

株高 30—60 厘米，外形略似朱槿，鲜红色花朵，较为奇特，在中国南部野生于林外，华南地区多植于庭院。

光照　日照充足，植株生长较快，开花亦较多；在夏季可适当为其遮阴，但也不能让其长时间待在阴凉处。

水分　喜湿怕涝，一般等到盆土七分干时就可为其浇水，注意浇水适量，过量会导致烂根。

温度　耐热不耐寒，冬季越冬需要在 5℃以上。

肥料　勤施肥，一般可以为其多追施磷钾肥含量高的开花肥。

病虫害　常见虫害：蚜虫、粉虱、介壳虫等。
常见病害：白粉病、叶斑病等。

株高可达 40 厘米，全株银灰色"丁"字毛。花序伞房状，花梗丝状，花瓣淡紫色或白色，长圆形，顶端钝圆，匍匐生长，幽香怡人。可于墙垣栽种，也可盆栽。

光照　喜光，有一定耐阴性，温度在 20—30℃时，可以全光照；夏季温度较高时须遮光 50%—80%，否则会因温度过高而枯萎。

水分　见干见湿，干要干透，不干不浇，浇就浇透，注意避免积水。

温度　适宜生长温度为 15—25℃，只要不受到霜冻就能安全越冬，在春末夏初温度高达 30℃以上时死亡。

肥料　遵循薄肥勤施、量少次多、营养齐全施肥原则，并且在施肥过后，晚上要保持叶片和花朵干燥。

病虫害　常见虫害：蚜虫、红蜘蛛等。
　　　　常见病害：根腐病等。

爱心榕

常绿室内观叶植物。乔木，单叶互生，大而呈心形，叶脉清晰。直干常呈自然状生长，树皮灰色光滑，枝条有一定的韧性，易造型。

光照　喜光，但应避开直射强光。阳光不足可能导致徒长。

水分　除了夏季要及时补水外，其他时间仅保持花土略有湿度即可。

温度　喜温，适宜生长温度为 20—35℃，冬天注意保证温度在 5℃以上。

肥料　生长季每 15 天补施一次液肥，且每 2—3 个月施一次缓释肥。

病虫害　常见虫害：蚜虫、红蜘蛛等。
　　　　常见病害：病害较少。

风雨兰

株高约 15—30 厘米，成株丛生状，叶片线形，类似于韭菜，花茎自叶丛中抽出，花瓣 6 枚。适合盆栽或庭院花坛缘栽。

光照　非常喜光，如光照不足，容易不开花或花量少。

水分　浇水遵循见干见湿原则。

温度　非常耐热，但不耐寒，低于 0℃有冻害威胁。

肥料　对肥料需求不大，建议 2—3 个月施用一次缓释肥，按比例增加磷、钾肥，能促进球根肥大，开花良好。

病虫害　抗病能力很强，几乎很少染病虫害。

小南瓜

茎长达数米，节处生根，粗壮，有棱沟，被短硬毛，卷须分 3—4 叉。单叶互生，叶片心形或宽卵形，稍柔软，雌雄同株异花。

光照　　喜光，保证每天光照 ≥ 6 小时。

水分　　需水量大，但盆土不能积水，也不能太潮湿，浇水避免淋湿叶子。

温度　　耐高温，适宜生长温度为 18—32℃。

肥料　　喜肥，幼苗期多给平衡肥（氮、磷、钾比例为 10：10：10），成株之后减少氮肥，每周一次磷钾肥。

病虫害　常见虫害：蚜虫、白粉虱、蓟马等。
　　　　常见病害：白粉病、霜霉病、枯萎病等。

柠檬

著名的果实和药用植物，枝叶浓绿并常带紫红色，花朵紫白色，果实黄色，密布含柠檬香气的油腺点，味酸至甚酸。

光照	喜光，保证每天光照 ≥ 6 小时。
水分	一个月浇灌 3—4 次，如果发现盆土较干，要及时补足水分。
温度	喜温暖，不耐寒，适宜生长温度为 25—30℃。
肥料	栽种时向盆底放入适量基肥，生长季每一个月左右施一次腐熟的有机液肥，40 天左右施一次 0.2% 磷酸二氢钾，花后向叶片喷洒稀薄的尿素溶液，秋季施肥以速效液肥为主。
病虫害	常见虫害：红蜘蛛、介壳虫、蚜虫等。 常见病害：炭疽病、褐斑病等。

全日照封闭式阳台

>>

· 植物养护注意点

光照   封闭式南阳台，一天之中至少有 6—8 小时的光照，虽然玻璃阻挡一部分紫外线，但总体仍然是较好的养花场所，光照充足。

水分   阳台封闭，温度高导致土壤的水分蒸发很快，需要注意浇水频率，但注意不要积水。

温度   封闭式南阳台中午的直射阳光过于强烈，对于喜阴和喜半阴的观叶植物，则容易受到灼伤，需要采用遮阳网遮阴。

湿度   阳台光照足，空气湿度低，除了根部施水之外，还需要向周边的空气和叶片上喷水，增加空气的湿度，需要注意的是喷水后不要在叶面上留下明显的水滴，否则叶片容易被阳光灼伤。

通风   全日照封闭式南阳台要注意通风，还要注意避免种植花开香味浓烈的植物，也要注意病虫害的问题。

全日照开敞式阳台

>>

· 植物养护注意点

光照   南阳台光照条件好，适合养喜光的植物。但要注意夏季光线强烈时需要适当遮挡。

水分   要注意植物的干湿情况，及时补水。下雨天喜旱的花卉植物要注意避雨。

通风   开敞式阳台通风条件良好，适合植物生长。

半日照阳台
——举例东阳台／西阳台

阳台特点

>>

每天有 4—5 小时光照，适宜种植一些短日照花卉及绿植。

适合植物推荐

>>

绣球

绣球花朵的大型聚伞花序呈球形、平瓣形和圆锥形三种，以球形居多。彩色的大绒球是由一朵朵小花拼凑而成的大型花序，是阳台不可或缺的景观植物。

__光照__	喜半阴，春季要求每天 4 小时光照促进花芽成长，夏季应适当遮阴，散光照射即可。
__水分__	盆土须保持湿润，但浇水不宜过多，雨季注意排水，防止受涝引起烂根。
__温度__	喜温，适宜生长温度为 18—28℃，冬季温度不低于 5℃。花芽分化需 5—7℃条件下 6—8 周，20℃温度可促进开花。
__肥料__	施肥宜薄宜勤，不可施浓肥，否则易引起枝叶发黄。春夏生长季节，以氮肥为主，可每月施一次有机肥。当植株定型后，要适当控制施肥，以免徒长，影响株型美观。
__病虫害__	常见虫害：红蜘蛛、蚜虫、蓟马等。 常见病害：黑斑病、白粉病、炭疽病、叶斑病等。

迷迭香

迷迭香是一种著名的香草，耐热耐寒，养护简单，株型优美，开淡紫色的碎花，花期以外可以作为观叶植物。

光照	喜光耐半阴，光照好则生长茂盛。
水分	怕湿热，夏季只少量浇水，等秋季恢复浇透。
温度	喜冷凉，适宜生长温度为 20—25℃，地栽可耐 −10℃。
肥料	需肥少，冬季和早春施加薄肥即可。
病虫害	常见虫害：蚜虫、白粉虱等。 常见病害：灰霉病、根腐病等。

金银花

金银花的花朵具有清热解毒的功效，花的颜色是先白后黄，黄白相映。

光照　喜光又耐阴，阳光充足或半阴环境都可以生长很好，要求每天 4 小时左右光照。

水分　耐旱怕涝，生长旺盛期浇水可适当多一些，生长缓慢期水分需求少一些。

温度　适应能力强，既可耐高温，也可耐寒。适宜生长温度为16—25℃。

肥料　需肥少，在生长期 15—30 天施一次复合肥。

病虫害　常见虫害：蚜虫、红蜘蛛等。
常见病害：炭疽病、白粉病等。

君子兰厚实光滑的叶片直立似剑，象征着坚强刚毅、威武不屈的品格。

光照	喜半阴，忌强光直射。
水分	耐旱，但不可严重缺水，夏季需要及时浇水；盆土半干就要浇一次，每次浇水量以保持盆土润而不潮为好。
温度	适宜生长温度为18—28℃，在温度高于30℃或低于10℃时，生长受到抑制。
肥料	春天生长旺盛期以氮钾肥为主，每月两次；夏天休眠期无须施肥；秋天孕育花芽可以每月施加两次磷钾肥。
病虫害	常见虫害：介壳虫等。 常见病害：炭疽病、软腐病、白绢病等。

球兰

球兰花期长，花味香，花朵美。每朵小花都晶莹剔透如玉石，馥郁芬芳。叶片常绿长势快，病虫害少。

光照　喜半阴，耐荫蔽，忌烈日直射。夏季须移至遮阴处，防止强光直射。

水分　盆土宜经常保持湿润状态，但盆内不可积水，以免引起根系腐烂。夏秋季须注意及时补水。

温度　不耐寒，适宜生长温度 15—28℃；在高温条件下生长良好，冬季应在冷凉和稍干燥的环境中休眠，越冬温度保持在 10℃以上。

肥料　夏季以后多施磷钾肥，在孕蕾开花前适当施些含磷稍多的液肥。

病虫害　常见虫害：介壳虫、蚜虫等。
常见病害：炭疽病、软腐病等。

杜鹃花

　　杜鹃花种类繁多,花色绚丽,花、叶兼美, 能唤起人们对美好生活的情感。

光照　喜半日照,怕曝晒,夏季注意遮阴通风。

水分　怕积水,春秋生长季土表干了就浇透,夏季和冬季生长停滞,土下2—3厘米干了就少量浇水,避免积水闷根。

温度　不耐热不耐寒,冬季建议0℃以上保暖,夏季高于35℃后遮阴。

肥料　喜肥又忌浓肥,秋冬和早春埋两次缓释肥,春夏生长季1—2周施一次磷钾肥。

病虫害　常见虫害:红蜘蛛、蚜虫等。
　　　　　常见病害:褐斑病、黑斑病等。

茶花

多年生木本

科属：山茶科　花期：1—3月

茶花宛如娇艳的古典美人，气质娇嫩，姿态优美。叶浓绿而有光泽之感，花艳丽且有富贵之姿。

光照　耐半阴，但也需要充足光线促进生长。除了夏季需要采取遮阴措施，其余季节喜半日照。

水分　春季生长期喜水但不耐积水，平时需水量不大，一般等盆土干后再浇水。

温度　适宜生长温度为 18—25℃，最适开花温度为 10—20℃；长期处于 29℃环境中会停止生长，高于 35℃会灼伤叶片。

肥料　茶花施肥以薄肥为宜，春季生长期以氮肥为主，每隔 4—6 天施一次；开花前施加磷钾肥。

病虫害　常见虫害：红蜘蛛、介壳虫、蚜虫等。
　　　　　常见病害：炭疽病、叶斑病、枯梢病、煤烟病等。

瑞香

自宋时就为人赏识，花香馥郁。对光照要求不高，适合阳台种植，复花性好。

光照　喜散光，忌烈日，盛夏时要注意遮阴。

水分　春季萌芽之前可浇透一次水；秋季保持盆土中半干半湿状态；冬季控水，降低浇水频率，非常干燥时再浇。

温度　适宜生长温度为 15—25℃，夏季高温会进入休眠状态；瑞香不耐寒，最低温度要保证在 5℃以上。

肥料　种植前施加基肥，生长期每 10 天施加一次液肥，开花前增施 1—2 次磷肥。

病虫害　常见虫害：蚜虫、粉虱等。
　　　　　常见病害：花叶病、根腐病等。

风车茉莉（络石藤）

风车茉莉因花似风车、香若茉莉而得名，是重要的花墙植物之一，拥有惊人的爆花量和强健的植株。花期长，盛开时芬芳满园。

光照　喜光，夏季须做好相应的遮阴措施，避免强光对植株造成伤害。

水分　须保证土壤湿润但不能出现积水，雨季须及时排水。

温度　适宜生长温度20℃左右，夏季温度达到35℃以上生长受到抑制；耐寒，冬季可在 −20℃的环境中正常生长。

肥料　薄肥勤施，生长期10—20天施一次稀薄的液肥，花期须追施磷钾肥。

病虫害　络石藤抗病虫害能力强，病虫害较少，家庭种植主要以预防为主，保证通风。

鸟尾花

鸟尾花又名半边黄，枝繁叶茂，花型奇异，花色艳丽。既可作小型盆栽供观赏，也可组合盆栽，使阳台氛围富有诗意。

光照　喜半阴的明亮光照，夏季须注意遮阴，室内最宜放在窗台上，给予两三小时阳光照射。

水分　喜湿，生长期每隔 2—3 天浇水一次，保持土壤的含水量为 75%；夏季温度升高时，需要定期喷水保湿。

温度　耐热，夏季持续生长，适宜生长温度为 18—26℃；冬季建议温度控制在 12℃以上。

肥料　每两周施用一次液肥，秋季后可追施两次磷钾肥。

病虫害　常见虫害：介壳虫、粉虱等。
常见病害：灰霉病、软腐病等。

蝴蝶兰

蝴蝶兰素有"兰中皇后"的美称，花似翩翩蝴蝶，灵动而美好，寓意梦想成真。花期长，花色多。

光照　适合散射光，放在光线明亮处就好。

水分　怕积水，耐旱，易积水烂根。浇水时不用浇透，用喷壶喷到有一些湿润。夏季高温高湿注意通风。

温度　养护环境保持温度在 16—26℃之间，尽量保持 15℃以上，低于 15℃会落蕾，低于 5℃会冻伤。

肥料　薄肥多施，生长期每 20 天左右施一次稀薄的液肥，花期须追施磷钾肥。

病虫害　常见虫害：介壳虫、粉虱等。
　　　　　常见病害：炭疽病、灰霉病等。

铁线莲

铁线莲素有"藤本皇后"的美誉，花形花色多姿丰富，花开繁茂，观赏期长，攀缘于藤架或是外墙，都是最美的风景。

光照　喜光，要求每天光照时长≥6小时，夏季注意避免强光直射。

水分　对水分敏感，不能过干或过湿，夏季高温基质不宜过湿。生长期每周浇透两次水，干透浇透。盆底不能积水。

温度　适宜生长温度为15—17℃，耐热，温度范围在25—35℃。夏季气温高于35℃时会发黄甚至落叶，应注意遮阳降温，保证通风。

肥料　2—3月铁线莲抽新芽前，为促进生长可施加适量复合肥；4—6月开花前可追施一次磷肥；平时可适量施些水溶性肥，生长旺期可增加喷施叶面肥2—3次。

病虫害　常见虫害：红蜘蛛、蚜虫等。
　　　　　常见病害：枯萎病、灰霉病、白绢病等。

仙客来

多年生草本

科属：报春花科

花期：11月—次年3月

含有"仙客翩翩而至"的吉祥寓意，其花像兔子耳朵，娇俏活泼，花期持久，可保持爆花状态。

光照　喜光，忌夏季强光直射。

水分　喜湿怕涝，浇水不宜过多，每天保持土壤湿润即可。

温度　不耐高温，适宜生长温度为15—20℃，30℃以上停止生长进入休眠，35℃以上会出现腐烂、死亡情况。冬天花期时气温不得低于10℃，若气温过低，则花色暗淡，且易凋落。

肥料　喜肥，春秋季可追施适量磷钾肥，生长期每10天施肥一次，注意开花期不宜施氮肥。

病虫害　常见虫害：蓟马、介壳虫、红蜘蛛、蚜虫等。
常见病害：根腐病、灰霉病、病毒病等。

叶片独特可爱，四季常绿，生机盎然，翠绿养眼，可长久保持美感。

光照　　喜欢柔和光照，室内半日照条件下也可。夏季适当遮阴。

水分　　喜湿怕涝，不能长时间缺水，但如果土还没有变干的迹象，也不需要浇水；盆栽托盘里注意不要有积水。

温度　　适宜生长温度为 18—20℃，温度超过 35℃时叶片发黄，生长停止。怕冷，温度低于 5℃会导致冻害。

肥料　　喜肥，春秋生长季需肥量较大，半个月用一次绿植类营养液，可喷施、可灌根；夏季高温和冬季低温时停止施肥。

病虫害　常见虫害：红蜘蛛、介壳虫等。
　　　　常见病害：叶斑病、炭疽病、根腐病等。

鹤望兰（天堂鸟）

　　鹤望兰植株高大而挺拔，可以长到1.5—2米高，叶片长而宽阔，呈亮绿色或深绿色，质地厚实而有光泽，给人以傲然挺拔、高雅精致之感。

光照　　需要明亮光线照射，避免放在过于荫蔽的地方，降温后可以直晒。

水分　　土表干了就浇透，不干不浇。降温后生长减缓，要减少浇水次数。

温度　　适宜生长温度为18—30℃，不耐寒，冬季需要10℃以上。

肥料　　需肥少，可以每半个月结合浇水施一次通用肥。

病虫害　　常见虫害：介壳虫等。
　　　　　　常见病害：炭疽病、褐斑病、根腐病等。

千年木

高颜值绿植，层次分明高挑，
风格文艺，叶片多色渐变。

光照　喜光照也可耐半阴，忌曝晒。秋冬可接受直射光，夏季不行；日常散射光或明亮光线即可满足生长需求。

水分　保持盆土微湿，忌积水，较耐旱。冬季干透浇透，其他季节等盆土表面干了2—3厘米再浇水，浇水要浇透。

温度　适宜生长温度为20—35℃，冬季养护温度须保证在8℃以上，长时间低于5℃叶片会冻伤、掉落。

肥料　春夏秋三个季节使用复合肥，薄肥勤施，20天左右使用一次；夏季温度高施肥量要减少，冬季可使用一次缓释肥。

病虫害　常见虫害：蚜虫、红蜘蛛、介壳虫等。
　　　　　常见病害：炭疽病、叶斑病等。

番茄

株高可达 2 米，茎易倒伏，叶长 10—40 厘米，卵形或长圆形，基部楔形，偏斜；果实具有特殊风味，有多种食用方法，在我国广泛栽培。

光照 喜光，短日照植物，大多数品种对日照要求不高。

水分 需水较多，半耐旱，空气相对湿度 45%—50% 为宜。

温度 喜温，适宜生长温度为 20—30℃。

肥料 种植前在土壤中施加复合肥和有机肥，生长期和开花期适量施加氮肥，花期结束后追加磷肥和钾肥，减少氮肥。

病虫害 常见虫害：蚜虫、白粉虱、小黑飞等。
常见病害：斑枯病、叶霉病、花叶病等。

半日照封闭式阳台

>>

· 植物养护注意点

水分　封闭式阳台在温度不高的时候蒸发量也相对小，可适当
　　　减少浇水频率，以盆土的实际干湿情况来进行操作。

- -

通风　封闭式阳台种植植物一定要注意通风，多开窗或增加空
　　　气循环扇，加速盆土的干湿循环，预防病虫害的发生。

半日照开敞式阳台

>>

· **植物养护注意点**

光照　根据所能接收光照的不同位置分配光照需求不同的植物，既可以种植喜光植物，也可种植适应半阴环境的植物。

无直射光阳台
——举例北阳台

阳台特点

>>

　　日照条件稍差，无直射光，仅有散射光，风势强劲，冬季寒冷，适合一些耐阴和抗风绿植的生长。

适合植物推荐

>>

石斛

植株由肉茎构成，粗如中指，棒状丛生，叶如竹叶，株型小巧，碧绿的叶片中抽出花葶。

光照　喜散光，强光会灼伤叶片。春夏季光照强时须进行人工遮阴；秋冬季渐冷，视天气和温度，少遮光或不遮光。

水分　多喷雾，常浇水。夏季一般 2 天浇水一次，春秋一般 5—7 天浇水一次，冬季一般 10 天浇水一次。维持空气湿度在 70% 为宜。

温度　喜高温，分落叶和四季常青两种，落叶类石斛可忍受最低温 10℃，四季常青类可忍受最低温 15℃；另昼夜温差的大小对石斛的生长和开花有着至关重要的影响，昼夜温差要控制在 10—15℃之间。

肥料　喜肥，遵循薄肥勤施原则，以腐熟的饼肥为主，生长期一周左右施肥一次，休眠期少施或不施肥。

病虫害　常见虫害：介壳虫、蚜虫、红蜘蛛、蓟马等。
常见病害：炭疽病、叶枯病、软腐病等。

绿萝

常攀缘生长在雨林的岩石和树干上，缠绕性特强，气根发达，喜散射光，较耐阴，遇水即活，又被称为"生命之花"。

光照　喜阴，不宜阳光直射，喜欢在散射光较强的环境中生长，长期放于阴暗角落会影响植物状态。

水分　喜湿怕涝，浇水使盆土及周围环境稍微湿润即可。

温度　适宜生长温度在20℃以上，冬季室温要求10℃以上，温差过大的环境不利于绿萝生长。

肥料　每2周施一次氮磷钾复合肥，使叶片翠绿，斑纹更为鲜艳。

病虫害　常见虫害：介壳虫、蚜虫等。
　　　　　常见病害：根腐病、叶斑病、炭疽病等。

枝条曼妙，色调温和。伸长后呈半匍匐状，枝条下坠，叶片嫩绿，常保持清新仙子色。

光照　喜半阴，不宜阳光直射。

水分　喜湿，盆土宜保持潮湿，夏季中午及傍晚还应往枝叶上喷水；温度低于5℃时，浇水宜减少，盆土不宜过湿。

温度　适宜生长温度为20—24℃，冬季室温要求10℃以上；夏季温度高于30℃时，吊兰生长会进入停滞状态。

肥料　春末到秋初，可每7—10天施一次有机肥液，但对金边、金心等花叶品种，应少施氮肥，以免花叶颜色变淡甚至消失。

病虫害　吊兰病虫害较少，主要有生理性病害，叶前端发黄，盆土积水且通风不良时会导致烂根。

铜钱草

伞形科草本植物，别称对座草、金钱草。叶片圆形，中间是一个小点，非常像铜钱。

光照　较耐阴，可接受半日照，夏季忌强烈阳光直射，也不能过于荫蔽。

水分　喜湿不耐旱，根系可长期泡于水中（可水培）。夏季多浇水，其他季节保持盆土湿润，避免植株失水。

温度　喜温，不耐高温也不耐寒，在 10—25℃生长良好；夏季温度不能超过 35℃，冬季温度不应低于 5℃。

肥料　对肥料的需求比较大，生长期每 2—3 周追肥一次，以薄肥勤施为原则，不宜施肥过量。

病虫害　铜钱草病虫害较少，并且对某些植食性物种具有相当的抵抗力。

雪铁芋（金钱树）

　　是极为少见的带地下块茎的观叶植物，也是室内观叶植物，有净化室内空气之用。

光照　喜光且有较强耐阴性，忌强光直射。

水分　较强耐旱性，保持盆土微湿偏干为好；中秋以后减少浇水，或以喷水代替浇水，冬季盆土以偏干为好。

温度　适宜生长温度为20—32℃；当夏季温度高于35℃时，生长受到影响，冬季温度在8℃以上可顺利越冬。

肥料　喜肥，除栽培基质中应加入适量沤制过的饼肥或多元缓释复合肥外，生长季节可每月浇施2—3次氮磷钾混合肥。中秋以后停施氮肥，连续追施2—3次磷钾肥。气温降到15℃以下后停止一切形式追肥。

病虫害　常见虫害：介壳虫等。
　　　　　常见病害：褐斑病、白绢病等。

龟背竹

株型优美，叶形奇特，叶色翠绿且富有光泽，适应性强，是清新文艺有格调的植物。

光照　耐阴，不能在阳光下曝晒。盛夏期间注意遮阴，避免叶片老化。

水分　喜湿，生长期间勤浇水，冬季每3—4天浇一次水。每隔7—10天用与室温接近的清水喷一次叶面，以保持植株常绿清新。

温度　喜温，适宜生长温度为20—25℃，温度低于5℃容易发生冻害，温度高于32℃会停止生长。

肥料　喜肥，在4—9月生长旺盛期每15天施一次肥，可以选择饼肥水或液肥，不能施用生肥或浓肥，以免烧根。

病虫害　常见虫害：介壳虫等。
　　　　　常见病害：叶斑病、茎枯病、灰斑病等。

文雅之竹，轻柔翠绿。外形似竹，叶片纤细秀丽，密生如羽毛状，翠玉层层，独具风韵。

光照　喜半阴，最好放在有散光的室内；除冬天外，其余季节不能放在有阳光直射的地方。

水分　喜湿怕涝，空气湿度越高越好；在天气炎热时，要经常向植株周围的地面、枝叶喷水以增加空气湿度。

温度　喜温，适宜生长温度为 15—25℃；夏季温度高于 32℃时会停止生长；冬季温度须保持在 10℃以上，低于 5℃会受冻害。

肥料　春秋季每周施肥一次，冬季 15—20 天施肥一次，夏季高温时停止施肥。

病虫害　常见虫害：蚜虫、介壳虫等。
常见病害：叶枯病、褐斑病等。

鳟鱼
秋海棠

植物界的"波点女王"，墨绿色叶片上分布着大大小小的银色圆点，摸起来非常有质感，具有很强的装饰性，百搭吸睛。

光照　喜欢明亮的散射光，有一定耐阴性，不是长时间处于阴暗无光的地方，就可以正常生长。

水分　对水分的需求比较高，土壤须保持湿润，充足的水分可以使其生长得更加富有光泽。

温度　适宜生长温度为 18—25℃，温度过高会停止生长，温度低于 10℃会被冻伤，甚至导致植株死亡。

肥料　注意薄肥施加，使用氮肥可促进叶片的生长；如果是在花期前，可施加磷钾肥，有利于花量增大。

病虫害　常见虫害：蚜虫、白粉虱、蓟马等。
　　　　　　常见病害：白粉病等。

玉簪

因其花苞质地娇莹如玉，状似头簪而得名。碧叶莹润，清秀挺拔，花色如玉，幽香四溢，是我国著名的传统香花，深受人们的喜爱。

光照　喜阴，平时给予适当散射光照射最佳，不适合被强烈的阳光直射。

水分　喜湿，不耐旱，生长期注意补充水分，但水量不能过多；平时只要让盆土微湿即可，防止出现过量积水。

温度　喜温，但夏季高温季节生长缓慢，冬季温度低于0℃时，最好放在温暖的室内，待温度回升时，再将其搬至室外。

肥料　发芽期以氮肥为主；孕蕾期以磷肥为主；苗期对肥需求不大，半个月左右施肥一次即可；进入花期7天左右施肥一次。

病虫害　常见虫害：蚜虫等。
　　　　常见病害：白绢病、炭疽病等。

无直射光封闭式阳台

>>

· 植物养护注意点

光照　　封闭式北阳台冬季时更保温，对不耐寒的植物更友好。

水分　　冬季干燥时，须注意为植物增加湿度。

通风　　封闭式阳台应注意保持空气流通，防止病虫害发生。

无直射光开敞式阳台

>>

· 植物养护注意点

光照 北阳台光照条件较差，适合耐阴植物种植。若想在北阳台种植喜光植物，可以通过其他方法补光，如安装补光灯等进行后期补光。

温度 冬季北阳台风大且温度低，不耐低温的植物可以考虑搬入室内。

阳台花园
营造小知识

如何给植物合适的光照

>>

　　为植物提供所需光照对于植物健康成长至关重要，光照不足可能会抑制植物开花，而过于强烈的阳光也可能烧焦叶片或导致植物枯萎，因此学会判断家中不同区域的光照水平，以此匹配植物光照需求，方可找到摆放植物的理想位置。

① 强光照区
② 明亮的非直射光照区
③ 中等光照区
④ 弱光照区

① 强光照区

每日有超过 12 小时直射光线的区域。能承受此区域光照强度的植物不多，尤其是在夏季，冬天此区域光照会有所减弱。

② 明亮的非直射光照区

半日照无直射光区域，其光照水平类似于在阳光直射的房间悬挂纱帘后所得到的效果。这个区域适配半日照植物，既需要阳光，但又不能接受全天阳光直射。

③ 中等光照区

半日照环境下较为荫蔽的角落，或是全天拥有散射光的区域。此区域适合一些林地植物，如鼠尾草、玉簪、石竹等。

④ 弱光照区

本身光照时间较短且无直射光的区域。能适应此区域的植物也较少，一般为观叶植物，如蕨类等。

· 定期清洁叶片

一些大型观叶植物若是摆放于灰尘较大的区域，应当注意叶片的清理，保证植物接收光照的有效面积。

· 定时调整盆栽植物摆放角度

每隔几天可以将盆栽植物的摆放位置旋转 90 度，保证植株受光均匀，植株生长形态也会更加好看。

　　在不同天气、不同季节或是由于阳台本身条件的影响导致光照不足时，可考虑采取加装补光灯的方法。

如何给植物正确浇水

>>

　　夏季浇水尽可能选择在晚上温度相对低的时候，或者是早晨太阳刚出来的时候，尽量避免中午高温时浇水，防止根系受损。春秋两季温度适宜，只需要观察盆土是否已经干燥，干燥后浇透水即可。若冬季温度过低，可选择中午温度相对高时浇水。同时也要随时注意阳台的排水情况。

· 选择合适的浇水方式

大多数热带植物与蕨类植物可以采取从上方浇水的方式，同时打湿叶片，此时需要注意盆土被充分浸润，不然可能根系无法得到充足的水分；此外，花盆中具有排水孔的盆栽，可以通过浸润方式进行水分补充，具体操作为在容器中加入 2 厘米深的水，然后将花盆放入其中静置 20 分钟，取出沥干水分即可。

　　每次浇水前首先判断盆土是否干燥，可用手指拨开土壤大概3—4厘米深，感受盆土的干湿情况，也可通过盆栽重量来推测含水量，或使用专业的水分计测量土壤湿度。盆土干了就浇水，不干则不浇，浇水要一次性浇透。喜湿植物在土未干时浇水保持土壤湿度，喜旱植物可待盆土干后过一段时间再浇水。

如何给植物正确施肥

>>

・**了解肥料的成分**

植物的主要营养物质是氮（N）、磷（P）和钾（K），市面上常见的复合肥除了包含这三种营养物质，还包括植物所需的一些微量元素。肥料的营养成分通常以 N：P：K 的比例显示在包装上，例如一种均衡的肥料，其比例为 20：20：20。

氮（N）

促进叶片生长，而植物光合作用又依靠叶子，因此氮也就同时影响了植物整体的生长。

磷（P）

促进根的生长，根向植物输送营养和水分，从而使植物茁壮生长。

钾（K）

促进花和果实的生长，通常在开花前几个月补充钾肥，会促进大量花蕾的形成。

· 如何选择肥料

平衡型液体肥料

大多数常规植物需要一种平衡型液体肥料，使用时自行稀释，这类肥料在春季到秋季之间的生长季可根据植物需求定期施用。

高浓度钾肥

在开花植物的开花季前施用，以促进花蕾的形成。

缓释肥

常见为颗粒形，大型或木本植物，如乔木、灌木和多年生攀缘植物均可使用此类肥料，每年一次，通常在早春时期施用。浇水时可以分解颗粒，释放出其中的营养物质。

有机肥

来源于植物和（或）动物，施于土壤以提供植物营养的含碳物料。肥效长，可改善土壤有机质，促进微生物繁殖。

专用定制肥

针对有特定需求的植物而开发的定制肥料，如兰花、仙人掌和多肉植物等，不需要稀释即可直接使用，方便快捷。

· 如何施用肥料

施用底肥

在种植花卉时于盆底土壤混入充足的底肥，底肥以有机肥为主，也可使用缓释肥。注意不要让花卉根系直接和底肥接触，以免灼伤根系，建议用不含肥的土壤将根系和肥料隔开。

施用追肥

通常在花卉的生长期追肥，追肥以速效肥为主。在植株生长旺盛期，最好施用氮磷钾均衡的肥水，切勿偏施氮肥，可以每隔半个月浇一次水溶性肥料（平衡型）。等植株枝叶长壮后，想要促其开花，可少施或停施氮肥，每隔半个月浇一次水溶性肥料（磷钾肥），促进植株快速开花。

施用叶面肥

植株生长期还可以追施叶面肥，比如磷酸二氢钾。在植株生长旺盛期，每隔半个月喷施一次磷酸二氢钾，促进花卉健壮生长，但要注意薄肥勤施。

如何给植物挑选种植土

根据植物生长阶段及生长特性为植物选取适宜的盆栽土类型，是保证植物健康生长的重要基础。

以下介绍几类常用的盆栽土类型：

多用途盆栽土

由椰壳、树皮和堆肥木纤维等天然原料拼配而成，重量较轻，可根据实际应用需求选择是否加入泥炭，适合一年生开花的室内植物。

土壤或以土壤为基础的盆栽土

在多用途盆栽土的基础上添加了灭菌土壤和一系列植物生长必需的营养物质，一般用于一年以上的盆栽植物，适合乔木、灌木和多年生攀缘植物。

室内植物盆栽土

此类盆栽土包含泥炭和一系列植物生长必需的营养物质，类似于多用途盆栽土，可适用于除了兰花和仙人掌等要求特殊栽培介质的植物以外的大多数室内植物。

育苗和扦插盆栽土

此类盆栽土的特质是排水性良好，柔软细腻，有利于种子与土壤接触；酸碱度适宜，有助于幼苗生根。适用于播种、扦插以及育苗。

定制专用盆栽土

对于兰花、仙人掌和多肉等有特殊盆栽土要求的植物，都有专为它们定制的盆栽土，在购买时可自行选择。

酸化盆栽土

类似于多用途盆栽土，专为喜酸或需要酸性土壤环境的植物定制，如杜鹃花和蓝色绣球花。除了上述植物，一些蕨类植物也可用此盆栽土栽培。

如何给植物换盆

>>

· 如何判断植物是否需要换盆

·土壤长期处于浸水状态，说明植物需要更换排水更好的栽培容器。

·根系从容器底部的排水孔生长出来，说明植物根系处于被束缚的状态，须进行更换。

·叶子非常态性变白或变黄，甚至出现枯萎情况，表明根部吸收营养出现问题，需要及时进行换盆。

植株拔出状态，白色根系盘结，说明已经没有可以继续生长的空间了

080

· 植物换盆步骤

· 选择一个比原尺寸更大号的新盆器。

· 在新盆器底部加入一层盆栽土，将植株从原容器中取出，轻轻梳理根部，然后把植株放入新盆器的土壤上，注意放置高度离盆器上边缘保持 1 厘米高度差距，为浇水时水分渗透进土壤前预留空间。

· 在根部周围填上盆栽土，轻轻按压，消除空气间隙。若植株存在气根，注意不要埋入土中，让植株尽量与在原容器中的深度位置保持一致。换盆后浇水注意不要浇到叶片。

· 其他换盆说明

· 大多数植物每 2—3 年需要换盆一次，在从小苗生长为大苗的快速成长期每年都需要进行一次换盆。

· 不便换盆重栽的大型绿植，只要植物健康，每年春天定期施肥也可不用换盆；或者可试着将植物从盆中倒出，对根部进行轻度修剪整理，再放回原花盆，填入新的盆栽土。

关于植物修剪

>>

· 了解修剪的目的

保持大型植物的株型

去除或减少过长枝叶有助于控制植物株型，但修剪太频繁有时反而刺激生长，因此一年修剪一两次即可。

清理枯叶或病害部分枝叶

修剪枯叶与病害部分的枝叶，同时对于密度过高的枝叶进行修剪以保证植株通风良好，减少不必要的营养消耗。

刺激植物生长或开花

"打顶优势"是常见的修剪方式，通过去除植物顶芽，从而刺激侧芽生长；此外对开花植物在花谢之后进行残花修剪，也有助于下一轮开花。

· 修剪注意事项

· 修剪植物的剪刀不能用日常的手工剪刀，使用锋利的园艺剪刀为佳。

· 修剪时在叶茎、节（茎上新生长的突起处）或侧茎（与主茎相交处）上方落剪，若需要去除整个茎干，则从基部进行切除。

· 随时观察植物状态，及时清除黄叶、枯死及病叶茎，同时密度过高的枝叶也要进行修剪。

· 当植物已经长到满意的高度或株型时，就可时常注意修剪过长的茎，保持造型。

· 每次修剪完毕都应注意对修剪工具进行消毒清洗，晾干后存放好以便下一次使用。

常见植物病虫害及防治方法

>>

种类	介壳虫	蚜虫	红蜘蛛
危害症状	叶片或枝干上出现不明白色或褐色突起小点，严重时密度很大。	叶片发黄、卷曲皱缩变形，甚至干枯，严重时影响顶部幼芽的正常生长。	新叶生长不良；新叶表面有小白点或小黄点；背面能看到黑色或红色或白色小点；部分红蜘蛛会结网。
防治方法	预防为主，日常注意环境通风，避免过分潮湿。出现少量介壳虫时，可用软刷轻轻刷除虫体，再用水冲洗干净。	用草木灰（可以用干草烧制，燃尽后剩下的灰）和水按1：5的比例来泡制，喷洒到有蚜虫的地方即可。	少量发生时可摘除感染严重的叶片，用水冲洗叶片；必要时使用杀虫剂（如联肼·螺虫酯、丁氟螨酯、联苯肼酯）。
图例			

种类	蓟马	粉虱	小黑飞
危害症状	花朵提前变黄、早落，嫩芽新叶生长不良、畸形；新叶有小白点，严重时变大；杜鹃叶片正面明显变白，背面有黑点。	叶片褪绿变黄，萎蔫，严重时全株枯死。	叶片变黄，甚至腐烂，尤其是多肉，幼虫会啃食植物的嫩叶及根系，对植物伤害较大。
防治方法	可用药剂撒施或基质拌药的方式进行日常预防，每季用一次即可。切记蓟马是昼伏夜出的害虫，要傍晚或夜间喷施药剂。	用手拿式吸尘器吸掉粉虱，或将感染比较严重的枝叶剪掉。可用同伴种植法驱赶粉虱。需要注意做好反复治理的准备，粉虱容易对杀虫剂产生耐药性。	可放置粘虫板清理成虫，也可在盆内铺上细沙，清除盆里的虫卵。如果使用土壤杀虫剂，使用后需要等土壤完全干燥。
图例			

种类	白粉病	黑斑病	叶斑病
危害症状	枝条上有明显白色粉末，嫩叶皱缩扭曲，上下两面布满白色粉层，渐渐加厚，呈薄毡状。	嫩枝上的病斑为长椭圆形，呈暗紫红色，稍下陷。	叶片出现圆形病斑，微下陷，之后病斑变为深褐色或黑色，茎秆变细，严重时倒苗而死。
防治方法	保持植物良好的通风与光照，控制湿度，及时将发病的枝叶剪除，后喷药剂进行治疗。	在多雨季节可在雨后及时喷洒杀菌剂，起到预防作用，同时保证良好通风。	雨季前后都要进行药剂防治，但要区别病害是细菌性还是真菌性，所对应药物会有所不同。
图例			

种类	枯萎病	灰霉病	霜霉病
危害症状	植株某个枝条上的枝叶突然萎蔫耷拉，改善通风一天之后仍不能恢复，后期将变干枯。	初发是在叶尖部产生白色小点，一般正面多于背面。后逐渐向下蔓延，扩大呈梭形或椭圆形。潮湿时病斑表面密生灰褐色霉层。	初期叶片上有淡红色不规则斑，后扩大呈黄褐色和紫色，后为灰褐色，边缘色较深。
防治方法	以预防为主进行药剂防治，阻止病菌侵入才能有效预防枯萎病的发生。	及时摘除病果、病叶、枯枝烂叶，注意通风，防止积水；染病后须喷施杀菌剂对病菌进行及时遏制。	在气温低、相对湿度较高、通风不良、氮肥过多的环境中易发，注意植物养护环境预防。染病后及时喷洒药物治疗。
图例			

种类	枯梢病	褐斑病	白绢病
危害症状	染病后的植物枝条尖端的叶片会枯黄掉落，开始只会小面积枯黄，到最后会全株枯黄而死。茎干部分出现黄褐色条纹，皮层之间会有黄褐色的死斑。	下部叶片开始发病，逐渐向上部蔓延；初期为圆形或椭圆形，紫褐色，后期为黑色，直径5—10毫米，界线分明，严重时病斑可连成片，使叶片枯黄脱落。	初期叶片变小变黄，之后恶化，枝叶凋萎，全株枯死。植物根茎表面或近地面土覆有白色绢丝，后期出现白色颗粒，渐变为黄褐色，有传染性。
防治方法	平时加强松土除草，及时清理枯枝、病叶，注意通风，以减少病原的传播。加强病情检查，发现病情及时处理，可喷施杀菌剂类药物进行治疗。	在高温高湿天气来临之前或期间，要少施或不施氮肥，保持一定量的磷、钾肥；及时清除落叶枯枝，摘除病叶、病果；加强通风，雨后及时排水。染病后须喷施杀菌剂对病菌进行遏制。	土壤消毒，环境通风，定期修剪枝条避免过密；发现病株立即隔离，使用石灰水浇灌病株（酸性土壤适宜病菌生长），也可使用其他杀菌药剂治疗。
图例			

种类	煤烟病	炭疽病	花叶病
危害症状	叶片会有许多分布不均匀的黑色斑点，有时果实的表面也会遍布像煤点一样的黑斑。	叶面会出现褪绿小点，并且小点会逐渐扩大；叶子的边缘部位会变成深褐色，中间部位会变浅。有一片叶子感染就会相互牵连形成大面积的病斑。	植株的叶片上会出现很多黄绿相间的花斑，比较严重的病期会让叶片畸形，内卷，最后导致叶子布满斑点直至坏死。
防治方法	首先防治介壳虫、蚜虫等传病媒介；发病时用清水冲洗受害部位，同时喷洒灭菌药剂进行治疗。	一般春季生长后期开始发病，夏秋季盛发，高温高湿环境下加重病害程度，平时注意养护环境以预防。染病后及时喷洒药物治疗。	该病由蚜虫传播，注意防治蚜虫减少传病媒介。发现病株立即清除，避免后续感染蔓延。
图例			

种类	叶枯病	软腐病	枯枝病
危害症状	多从叶缘、叶尖侵染发生，病斑不规则状，红褐色至灰褐色，后连片成大枯斑；病斑边缘有一较病斑深的带，外缘有时还有宽窄不等的黄色浅带。	细菌性病害，会让植物组织结构发生腐烂，染病后的植物根茎会慢慢软化，如夏季多肉植物化水就是感染软腐病的一种表现。	发病初期，枝干上出现灰白色、黄色或红色小点，后扩大为椭圆形至不规则形病斑，中央灰白色或浅褐色，并有一清晰的紫色边缘，后期病斑下陷，表皮纵向开裂。
防治方法	秋季彻底清除病落叶，减少翌年侵染来源。保证通风，降低叶面湿度，减少侵染机会。染病后通过药剂喷洒治疗。	预防除了改善环境，通风降温外，伤口是致病的关键，首先要避免害虫损害，另外要避免叶面喷水，及时剪除病叶。大面积受害时可以使用链霉素进行防治。	高温多雨及不通风的环境中易发，且常见于老苗、营养不良的植株，健康植株很少发病。生长期修剪要避开雨天，防止切口感染，发现病枝及时修剪，必要时使用药物治疗。
图例			

种类	红斑病	根腐病	病毒病
危害症状	染病初期叶片上会出现不规则的红褐色斑点，到后期斑点会逐渐扩大为紫褐色的病斑，花梗上的小红斑到后期会变成红褐色条斑。	由真菌引起的，得病的植株从根系开始腐烂，后期整个植株的叶片会发黄、枯萎，最后死亡。常见于夏季的多肉植物。	由植物病毒寄生引起，因病毒类型不同，染病后的表现可分为四种类型：花叶型、黄化型、坏死型和畸形型。
防治方法	避免种植过密，及时清除病叶、病株；发病时可喷洒百菌清或代森锌等药剂稀释液，防止病害蔓延。	摘除患部，清洗根部，切除腐烂部位，更换新土壤，平日勿过量浇水。多肉植物发病初期，可以采取上述方法，之后风干后重新发根栽培。其他植物发病时可以喷洒恶霉灵进行防治。	蚜虫和飞虱等害虫是植物病毒的主要传播者，因此预防此病主要做好害虫防治工作。
图例			

· 药剂防治病虫害注意事项

· 选择晴天施药，施药后保证 24—48 小时无雨水冲刷，保证防治效果。

· 施药时，一定要喷施全株植物表面，叶片正反面、枝叶隐蔽处等都是病虫喜欢藏匿的场所。尤其是喷施红蜘蛛对应药物时，一定要喷施到叶片背面，否则无法达到施药效果。

· 病害已经发生的植物，若只用保护性药剂是无法达到好的治疗效果的。

· 推荐各类药剂都单独使用，不混用，这样可发挥药剂的最好效果。但有些病虫如红蜘蛛，为避免产生抗药性，可每次间隔使用不同的药剂进行喷施。

· 施药过程做好防护措施，避免口鼻吸入药雾。但手臂皮肤少量沾染，施药结束后及时清理，对人体几乎没有影响。

· 已病变的植物部位在施药后一般不能恢复健康。药剂的治疗作用是指杀灭病菌、控制病情，使新生的植物部位呈现健康状态、病情不再蔓延或在可控范围之内。

示范阳台
案例

改造前

植物配置

月季、狐尾天门冬、香松、绣球、肾蕨、金边吊兰、满天星、花叶络石、光棍树、佩兰、勒杜鹃、七彩千年木、米邦塔、薄荷、红掌、彩椒、雏菊、鸡蛋花、弹簧草、多肉（蓝苹果、玉蝶达摩福娘、玉露、多肉佛珠）

改造前

植物配置

绣球、飘香藤、霸王蕨、三角梅、蓝雪花、爱心榕、百万小铃、虎斑蕨、长寿花、五星花、蓝星花、鼠尾草、风铃草、月季、变色木、孔雀竹芋、铁线蕨、常春藤、鸟巢蕨、富贵蕨、花叶木薯、向日葵、鸟尾花、散尾葵、千日红、五色梅、金心露兜、花叶络石

改造前

植物配置

杜鹃、茉莉、三角梅（火焰、绿樱）、沙漠玫瑰、月季（棒棒糖果汁）、长春花、四季橘、狐尾天门冬、四季茶、黑眼苏珊（爬藤）、飘香藤（爬藤）、金边翡翠、秋石斛、常春藤、绿萝、金鱼花、七彩铁、米仔兰

改造前

植物配置

三角梅、玉之卵、月季（果汁阳台）、黄金菊、柠檬树、小彩椒、三色堇、大仙女海芋、迷迭香、花叶络石

植物配置

月季、金心露兜、绿天鹅绒海芋、
含羞草、鸟巢蕨、多肉（吹雪）、万
年草、红珊瑚、龙骨、七彩马尾铁、
红掌、彩叶芋（如雪）、绣球、长寿花、
白脉椒草、网纹草、仙洞龟背竹

植物配置

三角梅、矮牵牛、百万小铃、蓝雪花、麦秆菊、六倍利

植物配置

绿天鹅绒海芋、大仙女海芋、忍者海芋、星云海芋、仙洞龟背竹、白脉叶蝉竹芋、叶蝉竹芋、
鳟鱼秋海棠、绿泡秋海棠、粉旗鱼秋海棠、巨洞龟背竹

植物配置

杜鹃、佩兰、球菊、百万小铃、铜钱草、龙胆、姬小菊、筋骨草、油橄榄、仙客来、银叶菊、花叶常春藤、彩叶草、金叶石菖蒲、大岩桐

植物配置

柠檬汁蔓绿绒、云母蔓绿绒、白兰地蔓绿绒、索迪罗蔓绿绒、维塔领带花烛、丝绒领带花烛、贝克利领带花烛、变色花烛、哥伦比亚水晶花烛、银刷子花烛、洒金龟背竹、白锦龟背竹、绿天鹅绒海芋

植物配置

杏叶藤、蝴蝶兰、三角梅（雪紫、漳红缨、白雪公主）、锦叶合果芋、蓝雪花、常春藤（雪莹）、鸟尾花、朱顶红（花孔雀）、玉簪、天竺葵、矮牵牛、彩叶芋（白色恋人、粉色和声）、皱边角瑾

附录

>>

深圳花卉市场地址一览表

区域	花卉市场	地址
福田区	梅林花卉市场	福田农批市场
	八卦岭花卉世界	福田区八卦岭工业区 522 栋
	四季花谷	福田区红荔西路与香蜜湖路交会处
南山区	荷兰花卉小镇	南山区南头街道星海名城社区月亮湾大道 3008
	深港花卉中心	南山区西丽沙河西路 4811 号
宝安区	福中福花卉世界	宝安区新安六路与新湖路交叉口东南 150 米
	沙井花卉世界	宝安区南环路 247 号
	宏源发花卉世界	宝安区松白路宏源发花卉苗木产业园
龙岗区	百合花卉小镇	龙岗区南湾街道丹平社区沙坪北路 556 号
	家乐园花卉市场	龙岗区家乐园家居广场
龙华区	公园路花卉市场	龙华区公园路
光明区	御景园花卉中心	光明区根玉路

图书在版编目（CIP）数据

深圳花园阳台营造手册 / 深圳市城市管理和综合执法局，深圳市花卉协会花文化分会编著 . —— 深圳：深圳出版社，2023.11

ISBN 978-7-5507-3866-9

Ⅰ. ①深… Ⅱ. ①深… ②深… Ⅲ. ①花园 – 园林设计 – 手册②花卉 – 观赏园艺 – 手册 Ⅳ. ① TU986.2–62 ② S68–62

中国国家版本馆 CIP 数据核字 (2023) 第 112881 号

深圳花园阳台营造手册
SHENZHEN HUAYUAN YANGTAI YINGZAO SHOUCE

出 品 人	聂雄前
责 任 编 辑	曾韬荔
责 任 校 对	李　想
责 任 技 编	梁立新
装 帧 设 计	自留地_{设计}

出版发行	深圳出版社
地　　址	深圳市彩田南路海天综合大厦（518033）
网　　址	www.htph.com.cn
订购电话	0755-83460239（邮购、团购）
排版制作	深圳自留地文化创意有限公司
印　　刷	雅昌文化（集团）有限公司
开　　本	787mm×1092mm 1/32
印　　张	3.75
字　　数	80 千
版　　次	2023 年 11 月第 1 版
印　　次	2023 年 11 月第 1 次
定　　价	30.00 元